BEI GRIN MACHT SICH IHR WISSEN BEZAHLT

- Wir veröffentlichen Ihre Hausarbeit,
  Bachelor- und Masterarbeit

- Ihr eigenes eBook und Buch -
  weltweit in allen wichtigen Shops

- Verdienen Sie an jedem Verkauf

Jetzt bei www.GRIN.com hochladen
und kostenlos publizieren

Katharina Jutz

Bodengeographie und -ökologie an einem Beispiel in Vorarlberg

GRIN Verlag

Bibliografische Information der Deutschen Nationalbibliothek:

Die Deutsche Bibliothek verzeichnet diese Publikation in der Deutschen National-bibliografie; detaillierte bibliografische Daten sind im Internet über http://dnb.d-nb.de/ abrufbar.

Dieses Werk sowie alle darin enthaltenen einzelnen Beiträge und Abbildungen sind urheberrechtlich geschützt. Jede Verwertung, die nicht ausdrücklich vom Urheberrechtsschutz zugelassen ist, bedarf der vorherigen Zustimmung des Verlages. Das gilt insbesondere für Vervielfältigungen, Bearbeitungen, Übersetzungen, Mikroverfilmungen, Auswertungen durch Datenbanken und für die Einspeicherung und Verarbeitung in elektronische Systeme. Alle Rechte, auch die des auszugsweisen Nachdrucks, der fotomechanischen Wiedergabe (einschließlich Mikrokopie) sowie der Auswertung durch Datenbanken oder ähnliche Einrichtungen, vorbehalten.

Impressum:

Copyright © 2010 GRIN Verlag GmbH
Druck und Bindung: Books on Demand GmbH, Norderstedt Germany
ISBN: 978-3-656-33225-1

Dieses Buch bei GRIN:

http://www.grin.com/de/e-book/205904/bodengeographie-und-oekologie-an-einem-beispiel-in-vorarlberg

GRIN - Your knowledge has value

Der GRIN Verlag publiziert seit 1998 wissenschaftliche Arbeiten von Studenten, Hochschullehrern und anderen Akademikern als eBook und gedrucktes Buch. Die Verlagswebsite www.grin.com ist die ideale Plattform zur Veröffentlichung von Hausarbeiten, Abschlussarbeiten, wissenschaftlichen Aufsätzen, Dissertationen und Fachbüchern.

Besuchen Sie uns im Internet:

http://www.grin.com/

http://www.facebook.com/grincom

http://www.twitter.com/grin_com

Übungsaufgabe 5

Übung zur Bodengeographie und -ökologie
SS2010

Verfasserin: Jutz Katharina

28.07.2010

INHALTSVERZEICHNIS

1. Einleitung

Im Rahmen der Lehrveranstaltung „Übung zur Bodengeographie und –ökologie" soll eine Analyse und Beschreibung eines frei wählbaren Hanges durchgeführt werden. Dabei sollte das gelernte Wissen dieser Lehrveranstaltung in dieser Übungsaufgabe angewendet werden.

Anhand einer Fotodokumentation soll der Hang dem Leser veranschaulicht werden und anschließend durch Berechnungen genauer analysiert und beschrieben werden. Dabei wird die Erhaltungsdüngung, der Bodenabtrag und der Bewässerungsbedarf für zwei unterschiedliche Pflanzenarten berechnet und interpretiert. In dieser Arbeit wird hierfür Weinbau und Mais verwendet. Nur bei der Berechnung des Bewässerungsbedarfs kann Weinbau nicht verwendet werden, da für die Berechnung die notwendigen Daten fehlen.

Zum Schluss gibt es noch eine ökologische Bewertung der Bodenfunktionen dieses Hanges, das einen allgemeinen Überblick und Schlussresümee darstellen soll.

2. Hangbeschreibung und Fotodokumentation

Weinbau in Göfis, Vorarlberg

Der hier in dieser Übungsaufgabe analysierte Hang liegt in Göfis, Vorarlberg. Er liegt nördlich der Köhrstraße, welche von Göfis nach Feldkirch führt. Der Hang ist ein konvexer Südhang und erstreckt sich über eine Seehöhe von 540 – 550 m ü. M. Nördlich schließt der Hang an eine Wald an und südlich an einen Unterhang aus Gras, welcher dann bis zur Straße reicht. Die Neigung ist in der gesamten Länge unterschiedlich. Doch durchschnittlich beträgt sie im unteren Bereich etwa geschätzte 15° und im oberen Bereich nur noch 8°. Der gewählte Hang ist somit hängig bis stark hängig und besteht aus einem Mittelhang und einem Oberhang, wobei eben der Letztere flacher ist.

Koordinaten:

N47°13'54, E9°37'1

Abb.1: ausgewählter Hang in Göfis, Vorarlberg

Der Hang ist eine kultiviert-gemanagte Fläche und ist hauptsächlich mit Gras bewachsen. Es gibt jedoch eine kleine Fläche von etwa 20 x 30 Meter, die mit Weinbau bewirtschaftet wird. Diese Fläche von ca. 600 m² wird hier in dieser Arbeit näher analysiert und beschrieben.

Der Weinbau ist zwar eingezäunt, doch trotzdem kann man aufgrund seiner kleinen Fläche von außen alles gut erkennen.

Abb.2: Weinbau

Abb.3: Weinrebe

Er hat neun Reihen mit Weinstöcken voll von grünen Trauben. Die Stöcke sind gut bewachsen und alle sehr dicht.

Jedoch auf der Westseite, vor allem im Mittelhang haben die Stöcke einen leichten Gelbstich. Gründe dafür könnten zum Beispiel zu wenig Wasser, zu hoher Kalkgehalt, zu lange Regenperioden, ungenügende Bodenbearbeitung oder auch ein Pilzbefall sein.

Abb.4: leichte Gelbfärbung der Blätter

Die Fahrgassen sind alle mit dichtem Gras bewachsen, was eine Erosion des Bodens verhindert. Dies wirkt sich sehr positiv auf den Nährstoffgehalt des Bodens aus, da wichtigen Stoffe nicht so leicht ausgewaschen werden können. Ebenfalls verhindert es durch die Bedeckung eine Austrocknung durch die Sonne. Die Bodenbedeckung wirkt sich auch positiv auf den Wasserhaushalt aus. Das Gras verringert den Oberflächenabfluss und erhöht somit die Bodeninfiltration. Daher gibt es eine feste Bodenoberfläche mit guten Bodeneigenschaften.

Abb.5: bewachsene Fahrgassen

Bis auf die leichten Gelbfärbung im westlichen Mittelhang, sind im Weinbau keinerlei sonstige Störungen, wie zum Beispiel Maulwurfhügel, Wind- und Hagelschäden etc. zu beobachten. Die Bodenoberfläche, soweit man sie trotz hohem Gras erkennen konnte war mäßig feucht bis trocken. (Die letzten Tage hatte es wenig geregnet und hohe Temperaturen von 30 °C. waren zu verzeichnen) Durch das Gras gibt es hier auch eine leichte Humusschicht.

Abb.6: Weinbau

Auch das Klima spielt eine wichtige Rolle bei der Bodenfruchtbarkeit. Da der Weinbau auf einem Südhang liegt, hat er ausreichend Sonne, welche für das Wachstum notwendig ist. Lediglich in den späten Abendstunden fäll durch einen nebenanliegenden Hügel Schatten auf den Hang (siehe Abbildung 6, Aufnahmezeitpunkt: 19.30) Die nächstgelegene Wetterstation liegt in der wenigen Kilometer entfernten Stadt Feldkirch.

	Feldkirch	Optimal für Wein
Jahresmittelwert:	10 °C	9-13°C
Mittlere Sommertemperatur:	18.6 °C (Monate Jun., Jul. und Aug.)	Ca. 20°C
Mittlere Wintertemperatur:	2,5 °C (Monate Dez., Jan., Feb.	0°C
Jahresniederschlagssumme:	1179 mm	400 – 900 mm

Tabelle 1: Klimadaten von Feldkirch und für optimalen Weinbau
Quellen:
http://www.zamg.ac.at/fix/klima/jb2008/index.html
http://www.weinexperte.com/Klima-Boden.399.0.html
https://www.uni-hohenheim.de/lehre370/weinbau/weinbau/crashk1.htm

Bei dem Hang handelt es sich um den Bodentyp Gebirgsschwarzerde (GS). Zusätzlich gibt es den Zusatz „s" (sGS) was auf eine "Sesquioxid"-Anreicherung aus den oberen Horizonten durch Podsolierung hinweist. Vorkommen solcher Gebirgsschwarzerden gibt es vorallem bei hängigen bis steilhängigen Hängen, somit also im Bergland.

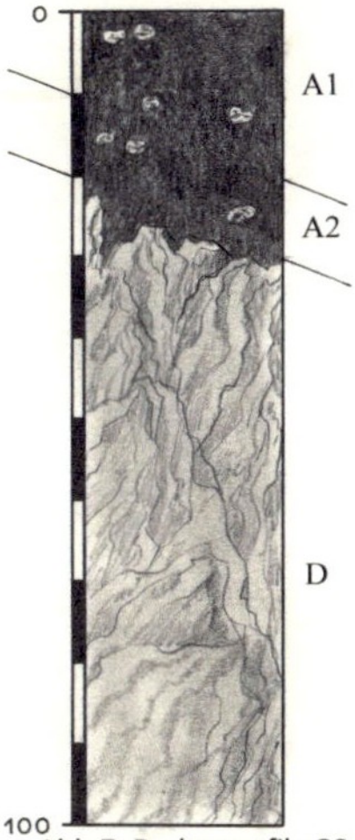

Abb.7: Bodenprofil sGS
Quelle: eBOD

Die Gebirgsschwarzerde ist kalkfrei und das Ausgangsmaterial ist vorwiegend aus feinem Moränenmaterial über Fels. Die Wasserverhältnisse sind eher trocken und der Boden hat eine mäßige Speicherkraft, da es wenig Speicherraum für Wasser gibt (große Mächtigkeit des D-Horizontes), und der Boden hat auch eine mäßige Durchlässigkeit.

Die GS hat zwei A-Horizonte und einen daran anschließenden D-Horizont mit großer Mächtigkeit. Die Bodenauflage über dem Fels hat stellenweise eine Mächtigkeit von bis zu 40 cm.

A1 (10 – 20 cm)… besteht aus lehmigem Schluff bzw. schluffigem Lehm mit einem geringem Grobanteil

A2 (20 – 30 cm) … ähnlich wie A1, jedoch mit mäßigem Grobanteil, wie z.B.: Kies, Schotter oder Steine

D (100 cm) … besteht aus Flyschfels

Die Bodenauflage über dem Fels hat stellenweise auch eine Mächtigkeit von bis zu 40 cm. Durch die geringe Gründigkeit von einem durchwurzelbaren Raum von 30 – 40 cm oder sogar weniger, ist der Standraum für Pflanzen recht stark eingeschränkt.

Die Humusverhältnisse im A-Horizont sind recht hoch. Wie erwähnt ist der Boden kalkfrei, zusätzlich noch leicht sauer. Durch das eher steilere Gelände ist die Bodenbearbeitbarkeit etwas erschwert.

Abb.8: Übersicht des Hanges
Quelle: eBOD

Bodentyp GS

Weinbau

3. Pflanzenspezifische Berechnungen und Interpretationen

Im folgenden Kapitel werden nun für den oben beschriebenen Hang folgende Fragestellungen berechnet und erklärt:

- ✓ Erhaltungsdüngung für zwei Pflanzenarten
- ✓ Bodenabtrag für zwei Pflanzenarten
- ✓ Bewässerungsbedarf für 2 Pflanzenarten

Für die Berechnung wurde einerseits die dort wachsende Pflanzenart Weinreben hergenommen und zusätzlich, als zweite Pflanzenart wird Mais verwendet. Da Mais in dieser Region viel angebaut wird, wird hier versucht einen Vergleich zwischen Weinbau und Mais herzustellen und aufzuzeigen, welche Pflanze für diesen Hang besser geeignet wäre.

Für die Berechnungen wurden für die Bodenart „schluffiger Lehm" folgende Werte festgelegt:

Trockendichte: 1,7 g/cm³

Tiefe: 25 cm

Kationenaustauschkapazität: 95,3 mmolc/kg

Humus: 4,3 %

3.1. Erhaltungsdüngung für zwei Pflanzenarten

In den folgenden zwei Tabellen (Tabelle 2 und 3) sind die pflanzenverfügbaren Nährstoffe Calcium (Ca), Magnesium (Mg), Kalium (K), Kupfer (Cu), Mangan (Mn), Zink (Zn), Bor (B), Phosphor (P) und Stickstoff (N) aufgelistet. In der einen Spalte wurde der im Boden vorhanden IST-Zustand berechnet. Durch Abzug des Nährstoffentzuges der jeweiligen Pflanze kommt man auf die Differenz und somit auf mögliche Mangelerscheinungen.

3.1.1. Pflanzenverfügbare Nährstoffe

WEIN

Nährstoffe:	mg/kg	IST kg/ha	Entzug kg/ha	Differenz kg/ha
Ca	1455,00	6183,75	120,00	6063,75
Mg	50,60	215,05	15,00	200,05
K	97,00	412,25	510,10	-97,85
Cu	0,07	0,30	0,08	0,22
Mn	1,80	7,65	2,50	5,15
Zn	0,30	1,27	0,37	0,9
B	0,13	0,55	0,14	0,41
P	5,89	25,03	28,90	-3,87
N	1572,63	6683,68	240,00	6443,68

Tabelle 2: Berechnung Nährstoffe für Wein
Nährstoff [kg/ha] = Nährstoff [mg/kg] * Dichte * Tiefe [m] * 10

Für den Anbau von Wein sind ausreichend Nährstoffe vorhanden, lediglich Kalium und Phosphor sind zu niedrig und sollten künstlich nachgedüngt werden.

MAIS

Nährstoffe:	mg/kg	IST kg/ha	Entzug kg/ha	Differenz kg/ha
Ca	1455,00	6183,75	80,00	6103,75
Mg	50,60	215,05	30,00	185,05
K	97,00	412,25	300,00	112,25
Cu	0,07	0,30	0,15	0,15
Mn	1,80	7,65	1,80	5,85
Zn	0,30	1,28	0,40	0,88
B	0,13	0,55	0,07	0,48
P	5,89	25,03	50,00	-24,97
N	1572,63	6683,68	15,30	6668,38

Tabelle 3: Berechnung Nährstoffe für Mais
Nährstoff [kg/ha] = Nährstoff [mg/kg] * Dichte * Tiefe [m] * 10

Für den Anbau von Mais sind bis auf Phosphor alle Nährstoffe ausreichend vorhanden.

> *Anmerkung: Da die Nährstoffwerte eigentlich nur durch eine ausführliche Bodenanalyse bestimmt werden können, welche hier nicht durchgeführt werden konnte, wurden die Werte annäherungsweise geschätzt.*

3.1.2. Berechnung der Bodenfruchtbarkeit – Sorptionskomplex

In folgender Tabelle erfolgt die Berechnung des Sorptionskomplexes. Dies geschieht pflanzenunabhängig. Der vorhandene Anteil von Calcium, Magnesium und Kalium wird berechnet und mit dem optimalen Anteil an der Kationenaustauschkapazität (KAK) verglichen. Je nach dem kann das Ergebnis einen Mangel zeigen.

	Anteil [mmolc/kg]	Anteil %KAK	Optimal %KAK	Bewertung	Zugabe kg/ha
Ca	72,75	76,34	60 – 80	ok	0
Mg	4,21	4,42	10 – 20	zu niedrig	?
K	2,49	2,61	1,5 -4	ok	0

Tabelle 4: Berechnung Sorptionskomplex
Mmolc/kg = Stoff [mg/kg] / Atomgewicht * Wertigkeit
%KAK = mmolc/kg / KAK * 100
Ca: AG 40, W 2
Mg: AG 24, W 2
K: AG39, W 1

Die Tabelle zeigt einen zu niedrigen Anteil des Nährstoffes Magnesium an der Kationenaustauschkapazität. Die beiden anderen Nährstoffe liegen im Optimalbereich.

Magnesium soll nun von 4,42 %KAK auf 12,5 %KAK (um 8,08 %) erhöht werden. Die hinzugegebene Menge beträgt 392,7 kg/ha.

Durch die Beimengung an Magnesium ergeben sich folgende Werte:

	Anteil [mmolc/kg]	Anteil %KAK	Optimal %KAK	Bewertung	Zugabe kg/ha
Ca	72,75	76,34	60 – 80	ok	0
Mg	11,91	12,5	10 – 20	ok	0
K	2,49	2,61	1,5 -4	ok	0

Tabelle 5: Berechnung Sorptionskomplex nach Zugabe von Mg

3.2. Bodenabtrag für zwei Pflanzenarten

Universal Soil Loss Equation (USLE)

$A = R * K * LS * C * P$

WEIN

R ... Niederschlagsfaktor

$R = 0{,}083 * NS - 1{,}77 = 0{,}083 * 1179\ mm - 1{,}77 = 96{,}087$

K ... Bodenfaktor

Aufgrund der Beschreibung von Aufgabenstellung A, erfolgt hier die Annahme eines „Silt Loam" (schluffiger Lehm). Da es sich für einen eher mäßigen bis stark humosen Boden handelt, wird der K-Wert für einen Boden mit mehr als 2 % OM (Organic Matter) verwendet: 0,37

C-Faktor Bodenbedeckung

Da bei unserem Weinbau der Boden durchgehend mit Gras bedeckt ist, wird der Wert für Wein mit Untersaat verwendet: 0,03

LS-Faktor Einfluss der Geomorphologie

$LS = (\lambda/22{,}13)^a * (0{,}065 + 0{,}0454 * S + 0{,}0065 * S^2)$

λ ... Hanglänge (hier: Mittelwert)
a = Neigung
S = Hangneigung in %

$$LS = (30 /22{,}13)^{0{,}115} *(0{,}065 + 0{,}0454 * 25{,}56 + 0{,}0065 * 25{,}56^2)= 5{,}667$$

S=
45 ° … 100 %
11,5 ° … 25,56 %

P-Faktor Bodenbearbeitung

Die Bearbeitung des Hanges erfolgt hangabwärts/hangaufwärts und bekommt somit den Wert: 1

Berechnung:

$$A = 96{,}087 * 0{,}37 * 0{,}03 * 5{,}667 * 1 = \mathbf{6{,}04423\ t/ha/a}$$

MAIS

R … Niederschlagsfaktor

R = 96,087

K … Bodenfaktor

K = 0,37

C-Faktor Bodenbedeckung

Wir nehmen an, dass das Maisfeld keine Winterbegrünung hat: 0,43

LS-Faktor Einfluss der Geomorphologie

$$LS = (\lambda/22{,}13)^a *(0{,}065 + 0{,}0454 * S + 0{,}0065 * S^2)$$

λ … Hanglänge
a = Neigung
S = Hangneigung in %

$$LS = (30 /22{,}13)^{0{,}115} *(0{,}065 + 0{,}0454 * 25{,}56 + 0{,}0065 * 25{,}56^2)= 5{,}667$$

S=
45 ° … 100 %
11,5 ° … 25,56 %

P-Faktor Bodenbearbeitung

Die Bearbeitung des Hanges erfolgt hangabwärts/hangaufwärts und bekommt somit den Wert: 1

Berechnung:

$$A = 96{,}087 * 0{,}37 * 0{,}43 * 5{,}667 * 1 = \mathbf{86{,}55549\ t/ha/a}$$

Anhand der Ergebnisse ist klar zu erkennen, dass im Bezug zur Erosion der Wein die besser gewählte Pflanze für diesen Hang ist. Beim Mais gibt es eine Erosion von 86,56 t/ha/a, hingegen beim Wein nur 6,04 t/ha/a. Ein Hauptgrund für diesen großen Unterschied ist sicherlich die Bodenbedeckung des Weinbaues mit Gras, was die Erosion stark oder sogar total mindert und dem Boden somit eine starke Festigkeit gibt. Hingegen fehlt beim Mais die Bodenbedeckung und daher würde der Boden bei diesem Hang sehr stark unter Erosion leiden.

3.3. Bewässerungsbedarf für zwei Pflanzenarten

MAIS und KARTOFFELN

Als zwei Pflanzenarten werden hier Mais und Kartoffeln verwendet. Da für Wein die Werte der Evapotranspiration in unseren von der Lehrveranstaltung zur Verfügung gestellten Unterlagen fehlen, muss hier eine andere Pflanze gewählt werden.

Für die Berechnung des Bewässerungsbedarfs wird der Jahresniederschlag der Klimastation Feldkirch herangezogen: 1179 mm (entspricht 11790 m³/ha/a). Zusätzlich wird noch die Evapotranspiration benötigt, welche für Mais 400 – 700 mm und für Kartoffeln 350 – 625 mm beträgt. (Aus: P. Wolff und Th.-M. Stein (1999): Wassereinsparungspotentiale der Bewässerungslandwirtschaft - Water saving potentials of irrigated agriculture, Journal of Applied Irrigation Science, Vol. 33 (No. 2), 153 –173) Diese Werte stellen die Schwankungsbreite der Evapotranspiration dieser Kulturpflanze im Verlauf einer Vegetationsperiode dar.

	% NS	NS	% ET	ET Mais	ET Kartoffeln
Jänner	20	2358	0	0	0
Februar	10	1179	0	0	0
März	5	589,5	10	550	487,5
April	5	589,5	20	1100	975
Mai	2	235,8	30	1650	1462,5
Juni	2	235,8	30	1650	1462,5
Juli	2	235,8	10	550	487,5
August	2	235,8	0	0	0
September	2	235,8	0	0	0
Oktober	10	1179	0	0	0
November	20	2358	0	0	0
Dezember	20	2358	0	0	0
Summe	100	11790	100	5500	4875

Tabelle 6: Jahreszeitliche Verteilung des Niederschlages und der Evapotranspiration

Um nun den positiven oder negativen Bewässerungsbedarf zu berechnen, muss man folgende Formel anwenden:

Bewässerungsbedarf = (NS-ET) * nFK /100

NS… Niederschlag
ET … Evapotranspiration
nFK … nutzbare Feldkapazität (Ist jener Teil des Wassers im Boden, der den Pflanzen zur Verfügung steht) Für schluffiger Lehm beträgt die nFK 17 %.

	Mais	Kartoffeln
Jänner	400,86	400,86
Februar	200,43	200,43
März	6,715	17,34
April	-86,785	-65,535
Mai	-240,414	-208,539
Juni	-240,414	-208,539
Juli	-53,414	-42,789
August	40,086	40,086
September	40,086	40,086
Oktober	200,43	200,43
November	400,86	400,86
Dezember	400,86	400,86
Summe	1068,713	1175,55

Tabelle 7: Bewässerungsbedarf in m³/ha

Diese Tabelle zeigt nun den monatlichen Bewässerungsbedarf. Bei negativen Zahlen bekommen die Pflanzen durch den Regen nicht genügen Wasser und man müsste manuell Wasser nachgereicht werden. Bei positiven Zahlen besteht kein Bewässerungsbedarf und es reicht der Pflanze der natürliche Niederschlag zur Wasserversorgung.

Besonders in den Monaten April bis Juli müssen beide Pflanzen künstlich bewässert werden. Insgesamt brauchen die Kartoffeln mehr Wasser über das ganze Jahr gesehen, doch der Mais braucht besonders in den eher trockenen Monaten April bis Juli viel mehr Wasser als die Kartoffeln und muss so stärker bewässert werden.

4. Ökologische Bewertung der Bodenfunktionen

Bei der auf dem Hang vorherrschenden Bodenart Gebirgsschwarzerde handelt es sich um einen fruchtbaren Boden, welcher einen recht hohen Humusanteil hat. Jedoch ist die Gründigkeit des Bodens von 20 – 30 cm eher gering. Das führt zu einem beschränkten Raum für das Wachstum der Wurzeln. Ebenfalls schränkt diese geringe Gründigkeit den Speicherraum des Bodens für Wasser ein. Dies kann auch zu Nährstoffmangel im Boden führen, da es nur einen kleinen Raum für Nährstoffanreicherung gibt. Die Pufferfunktion ist somit durch die geringe Gründigkeit stark eingeschränkt.

Auch leidet die Filterfunktion an der geringen Mächtigkeit des A-Horizontes. Denn es gibt nur eine kurze Filterstrecke. Zusätzlich ist Lehm durch die geringe Wasserdurchlässigkeit ein eher schlechter Filter.

Die geringe Mächtigkeit führt bei der Transformationsfunktion zu einem ebenfalls beschränkten Raum für Mikroorganismen und kleineren Lebewesen. Doch der eher hohe Humusgehalt zeugt von vielen Bodenlebewesen, was sich auf die Pflanzen positiv auswirkt. Der hohe Humusgehalt führt zusätzlich noch zu einer hohen Kationenaustauschkapazität.

Bei der Berechnung des Sorptionskomplexes, stellte sich heraus, dass es dem Boden an Magnesium fehlt, welcher um 8,08 % (+392,7 kg/ha) künstlich erhöht werden sollte, um einen optimalen Pflanzenwachstum zu garantieren.

Bei den einzelnen Analysen der zwei Pflanzenarten Weinbau und Mais ergab die Berechnung der Erhaltungsdüngung nur geringe Mangelerscheinungen. Beim Weinbau sollten die Nährstoffe Phosphor und Kalium dem Boden hinzugegeben werden und bei Mais lediglich Phosphor.

Bei der Berechnung des Bodenabtrags stellte sich heraus, dass besonders durch die starke Neigung eine erhöhte Erosion vorliegt, besonders wenn der Boden nicht bewachsen ist. So zum Beispiel gibt es beim Mais, bei dem recht viel Boden unbedeckt ist, eine eher starke Erosion von 86,56 t/ha/a. Wohingegen es beim Weinbau, wo die Fahrgassen gänzlich mit Gras bewachsen sind, nur einen geringen Abtrag von 6,04 t/ha/a gibt.

Bei der Bewässerung sollten man besonders in den Monaten April bis Juli darauf achten, dass den Pflanzen manuell genug Wasser hinzugefügt wird, da der natürliche Niederschlag nicht ausreicht.

Zwar ist die Gebirgsschwarzerde sehr fruchtbar, doch werden der Pflanzenwachstum und die Ertragsmöglichkeiten durch die geringe Gründigkeit und den hohen Bodenabtrag sehr stark eingeschränkt. Man kann sagen, es handelt sich bei diesem Hang um ein mittelwertiges Ackerland, was sich aber nicht für jede Pflanzenart eignet. Besonders sollte darauf geachtet werden, dass man eine dicht wachsende Pflanzenart wählt. Am besten ist hier immer noch die Wiese, oder eben Weinbau mit bewachsenen Fahrgassen.

5. Literaturverzeichnis (Stand: 17.07.2010)

http://www.zamg.ac.at/fix/klima/jb2008/index.html

http://www.weinexperte.com/Klima-Boden.399.0.html

https://www.uni-hohenheim.de/lehre370/weinbau/weinbau/crashk1.htm

http://bfw.ac.at/rz/bfwcms.web?dok=7066

eBOD: http://bfw.ac.at/rz/bfwcms.web?dok=7066

6. Abbildungsverzeichnis

7. Tabellenverzeichnis